CLASSIC

宜蘭渡小月餐廳與麟手創料理行政主廚　鉅獻

CREATION

正點臺菜 新料理

■作者

陳兆麟、邱清澤

飄香五代的老味道

前交通部觀光局長

賴瑟珍

　　渡小月的好口味，從宜蘭飄到全台，再飄洋過海，讓正宗台灣料理在不斷研發下，打敗其他國際團隊，取得2011年台灣美食展國際廚藝賽總冠軍之殊榮。這次陳兆麟師傅本著傳承分享之精神，終於將他的不傳之祕公諸於世。

　　兆麟師傅十七歲入行，從事餐飲業已有五十年，我與他相識足足超過二十個年頭，看著渡小月從小店變國宴餐廳，又變成國際名店，兆麟師傅的成功並非偶然，除了家傳好手藝，還有他認真鑽研的精神；更重要的是他豪邁的性格，為人海派、誠懇，他熱心公益、無私奉獻，從來不計較個人得失。我任職觀光局期間，兆麟師傅在國際觀光與美食推展總是傾力襄助，讓國際觀光客對台灣美食讚不絕口，達到以食會友，讓台灣味揚名海外，成為推廣台灣之利器。

　　「正點臺菜新料理」是兆麟師傅的登峰之作，他將宜蘭在地食材完美融入每道菜色，不論是肉品，或是蘭陽平原新鮮的魚類，乃至渡小月拿手的甜品，都適切的以傳統和創新不相悖的手法展現，輔以視覺感極佳的擺盤和色調，有些質樸淡雅，勾起許多人兒時味覺的記憶，有些則以創新的手法讓美味升級，光是欣賞就令人垂涎。書中不僅細細寫出每道菜的材料、調味比例，而且將作法拍成圖片，每個步驟都清楚說明，附註小撇步，可說將「飄香五代的好味道」不藏私的傳承了。

　　敬佩兆麟師傅的專業、氣度與敬天愛物之情懷，相信台灣料理必能隨著這本「正點臺菜新料理」流傳久久。

人人都能品嚐到世界級的新臺灣菜

設計示範經典名菜

設計示範創意佳餚

投身餐飲界即將邁入第五十個年頭,這是我第六本平面創作。距離上一本書的出版,已相隔六年。

2007年與臺灣米其林隊友一起迎戰值得敬重的世界團隊,當時,我心裡就有個構想,那麼多人研發的菜餚,不該只有八位評審享用的到,應該讓所有人品嚐。於是,在眾人的努力下,2009年,麟手創料理誕生了。『麟』是個年輕的團隊,唯一能讓他們進步的方法,就是與其他優秀的隊伍比賽。在比賽過程,除了廚藝的增進外,同時也能看見有許多熱愛餐飲的同儕也在為臺灣美食打拼。

不負眾望,在2010、2011年,A lex Lin、蔡依迪、李信寬、陳冠宇在邱清澤主廚帶領下,獲得總冠軍的美譽,贏得世界的讚許。我們也保留了這些心血,讓前來麟手創料理用餐的賓客都能品嚐到世界級的新臺灣菜。

我們一家人都很虔誠,對神虔誠,對做吃的,更有顆虔誠的心。早期阿公說:自古以來,敬神敗神的貢品有祂的禮數。相同的,對食材的尊敬,也是我們最重視的。我常告訴我的兒子:「傳承就像接力賽,我跑完了我的部分,接下來要將棒子交給你,我希望傳下來的不只是渡小月手藝,還有對每樣食材的敬意。」

「在做取糧」一直是渡小月祖傳的真諦。本書的菜餚除了傳統與創新的變化外,亦運用了許多在地食材。並由渡小月及麟手創料理共同創作而成。感謝,所有對本書協助的好朋友。也期許這『飄香五代的老味道』能圍繞在您身旁。

帶著傳統色彩的新台灣菜

創新的台灣菜有著傳統菜的倒影,烹調每一道新菜時,裝飾著這道菜的卻是祖先們的智慧及陳師傅年少時的回憶,賜予了創新菜的新生命

contents

PART 1

肉　品

PART 2
魚鮮

PART 3
湯品甜點

CLASSIC

CREATION

PART 1

肉品

冬粉雞腿

經典
CLASSIC

1

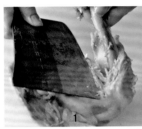
2

3

4

10人份

材料

	雞腿	600g
		（大，約2支）
	冬粉	1小把
A	蔥末	5支
B	小黃瓜	1條
	紅蘿蔔	少許
	黑木耳（發好）	40g
	紅辣椒	1條

調味料

香油	1大匙
醬油	2大匙
醬油膏	1大匙
雞粉	1茶匙
胡椒	1大匙
白糖	1茶匙
豬油	1大匙

作法

❶ 將雞腿洗淨，起鍋將9公升的水煮沸，熄火，放入雞腿，浸泡10分鐘，取出。

❷ 此步驟重複2次，雞腿熟後放涼，去骨（圖1），切塊（圖2）備用。

❸ 將A料用豬油以小火炒至褐色。

❹ B料切片汆燙冰鎮待涼，放入一半的蔥和雞塊及調味料。（圖3）

❺ 汆燙冬粉，取出，放入冰水中，濾乾。（圖4）

❻ 入另一半的蔥花、醬油、醬油膏、胡椒拌勻鋪底，再放入雞塊即可。

TIPS

◆ 雞腿肉不是煮熟，而是以熱水熄火後燙熟，肉質的口感有意想不到的軟嫩富勁道。

◆ 雞粉用以代替味素，也可用柴魚粉替代。

南乳雞腿

1 人份

材料

| 雞腿 | 1支 |
| 麵線 | 1小把 |

A | 蔥末 | 5支 |

B
小黃瓜	1條
紅蘿蔔	少許
黑木耳（發好）	1兩
紅辣椒	1條

調味料

C
香油	1/2小匙
醬油	1/2小匙
醬油膏	1小匙
雞粉	1/4小匙
胡椒	1/4小匙
白糖	1/2小匙

D
南豆腐乳	1小匙
味噌	1小匙
白糖	1/2小匙
黑麻油	1/2小匙
紅露酒	2小匙

| 豬油 | 1大匙 |

作法

❶ 將雞腿洗淨，去骨，放入拌勻的D料中（圖1、圖2），醃30分鐘，以清水沖洗，稍微去鹹味。

❷ 用錫箔紙將雞捲成圓型入蒸籠蒸20分鐘，去除錫箔紙將雞腿火烤備用。

❸ A料用豬油以小火炒至褐色。

❹ B料汆燙冰鎮待涼放入一半的蔥及C料。

❺ 麵線汆燙，取出，放冰水中，濾乾，拌上步驟3的料，拌勻做底。

❻ 將雞捲切厚片排盤。

❼ 麵線捲成一捲，輕炸，加入盤飾（食用花、醬瓜、蒜絲、金棗）即可。

TIPS

南豆腐乳即紅糟豆腐乳，與味噌都能增加食物的層次感。

經典
CLASSIC

紅糟燒肉

材料

| 三層肉 | 900g |
| 地瓜粉 | 300g |

調味料

10人份

A	紅糟醬	300g
	黑麻油	3大匙
	老薑	100g
	白糖	100g
	米醬	100g
B	鹽	30g

作法

❶將三層肉抹鹽，醃1小時備用。

❷將作法❶直接放入調味料A中，浸置三天。

❸取出洗淨，沾勻地瓜粉，蒸十五分鐘。

❹鍋中放油3公升，加熱（約140度），將肉放入鍋中油炸，炸至酥，稍涼，切片排盤即可。

TIPS 油炸若以油煎方式烹調，口感不會酥脆，因此油炸是必要的。

紅糟松阪肉

材料

松阪肉	100g
地瓜粉	50g
蝦仁	30g
馬蹄細丁	20g
紅蔥酥	10g
花枝漿	20g

1 人份

調味料

	紅糟醬	60g
	黑麻油	5g
A	老薑	60g
	白糖	10g
	米醬	10g

	白糖	1小匙
	雞粉	1/4小匙
B	香油	1/4小匙
	胡椒粉	少許

作法

❶ 將松阪肉用刀側（或錘打器）均勻拍打，備用。

❷ 煮沸A料待涼，再放入松阪肉60分鐘浸泡，取出備用。

❸ 蝦仁剁細，加入馬蹄細丁、紅蔥酥、花枝漿，及B料拌勻備用。

❹ 取出松阪肉，洗淨，包蝦餡，沾地瓜粉，入油鍋炸熟。

❺ 將其排盤，加入盤飾（薏仁、鴻喜菇、甜豆）即可。

日月雙撇

12人份

材料

鴨蛋	3顆
豬絞肉	300g
魚漿	200g
蔥末	3支
馬蹄末	6顆
香菇末	4朵
紅蘿蔔末	30g
大白菜（切塊）	1斤
高湯	2000g

調味料

A	胡椒粉	1大匙
	雞粉	1茶匙
	細砂糖	1/2茶匙
	香油	1大匙
B	太白粉	少許
	鹽	2茶匙

TIPS

在艱困而物資缺乏的年代，富含營養的鴨蛋取得較容易，三顆蛋對切再對切，可以變化出一桌12人份的料理，形色如日如月，好吃而見日月風華！

作法

❶ 大白菜汆燙，瀝乾備用。

❷ 洗淨鴨蛋，放入鍋中，加水，水高過蛋，加入鹽巴，以小火煮10分鐘至熟。取出放涼，去殼，剖半備用。

❸ 起鍋放1大匙油，炒香蔥末，取出，放入豬絞肉、香菇末、紅蘿蔔末、馬蹄，再加入A料拌勻。

❹ 取蛋抹上太白粉，糊上作法❸的材料（圖1），作成完整蛋形（圖2），再裹上太白粉。

❺ 放入油鍋(140度)炸熟，取出，再剖半（圖3）。

❻ 置入蒸碗中，中央以絞肉固定（圖4），加入汆燙好的大白菜，入蒸籠以大火蒸40分鐘，取出。

❼ 反扣入大碗中，加入高湯即可。

櫻花日月

2 人份

材料

	鴨蛋	1顆

	絞肉	30g
	蔥末	1支
A	香菇末	5g
	紅蘿蔔末	5g
	魚漿	10g

	扁魚	少許
B	娃娃菜（高麗菜嬰）	2棵
	蔥花	少許

C	櫻花蝦	5g
	蔥段（3公分）	2段

調味料

	椒粉	少許
A	糖	1/2小匙
	香油	1/2小匙

B	麵粉	少許
	蛋液	少許

C	醬油膏	少許
	雞粉	1/2小匙

作法

❶同日月雙撇作法❷至❺。

❷製作櫻花蝦捲棒→將蔥段沾麵粉，再沾蛋液，再沾櫻花蝦（圖1），炸酥備用。

❸製作扁魚白菜→將娃娃菜過油（圖2），將蔥花炒香，入扁魚及白菜，加入調味料C燜煮5分鐘即可（圖3）。

❹取半顆日月加上娃娃菜入蒸籠蒸20分鐘備用。

❺取❷、❹排盤加入盤飾配料即可。

懷舊大封

12人份

材料

三層肉	1800g（3斤）
酸筍	300g（半斤）

調味料

醬油	300g
醬油膏	60c.c
蕃茄醬	30c.c
高湯	1000c.c
紅辣椒	2支
大蒜	10棵
蒜	2支
八角	3個
冰糖	100g

TIPS

• 酸筍最能解油膩，酸筍與三層肉互搭，最對味。

• 肉要蒸得軟透才好吃。

作法

❶將酸筍過水一個晚上。

❷取鍋入水淹過酸筍煮沸，再取出過水20分鐘，濾乾備用。

❸將三層肉修成四方形，入鍋油炸至表面酥黃（圖1），取出和調味料煮至變色，肉皮朝下，放入大碗中備用。

❹取鍋放入酸筍（圖2），取些煮汁的油，用小火煮30分鐘。

❺再取出，放入❸上，再入蒸籠蒸1小時。（圖3）

❻自蒸籠取出，反扣，切成田字形，每塊再切成1公分厚，放入盤中，排盤即可。

時尚大封

1 人份

材料

三層肉	1大塊約1200g
香菜	少許
南瓜球	5g
花椰菜	5g
麵線	5g

調味料

醬油	1小匙
醬油膏	1小匙
蕃茄醬	1小匙
高湯	3小匙
紅辣椒	少許
大蒜	少許
蒜	少許
八角	少許
冰糖	少許

作法

❶三層肉切4.5公分立方塊，入鍋油炸至酥黃，取出和全部調味料煮至變色，放入大碗中備用。

❷南瓜球→挖小2球，（圖1）用冰糖水煮熟備用。

❸將花椰菜及麵線燙熟（圖2）備用。

❹將❶、❷、❸排盤即可。

1

2

TIPS

大封是指豬肉（大型蒸肉塊）

正點臺菜
新料理
！

桂花小封

10人份

材料

全雞	1500g
瘦肉絲	300g
馬蹄絲	75g
紅蘿蔔絲	75g
蔥段	2支
筍絲	300g
香菇絲	4朵
鴨蛋	3顆

調味料

胡椒粉	2大匙
醬油	2大匙
香油	1大匙
雞粉	2茶匙

作法

❶ 蛋打散，起鍋放油3大匙，放入蛋液，炒香，色如桂花，取出備用。

❷ 再起鍋，入油2大匙，炒香蔥段、肉絲、馬蹄絲、紅蘿蔔絲、香菇絲（圖1）。

❸ 再放入蛋和調味料，炒勻備用。

❹ 將雞洗淨，入油鍋炸酥，取出。

❺ 取刀將雞的背骨和雞胸骨取出。（圖2）（圖3）。

❻ 將作法❸，放入作法❺的雞腹中（圖4）（圖5），放入蒸籠，蒸1小時30分鐘。

❼ 取出，反扣，排盤即可。

TIPS

• 桂花指鴨蛋炒碎後，色淡黃，像桂花。小封是指雞肉。

• 填料塞入雞身時，要飽滿均勻，不要過度撐開。

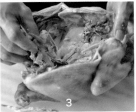

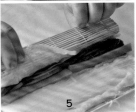

貴花小封

1

2

3

1 人份

材料

	鴨蛋	1顆
A	雞腿	1隻約300g
B	瘦肉切絲	10g
	馬蹄切絲	2g
	紅蘿蔔切絲	2g
	蔥切段	2g
	筍絲	2g
	香菇切絲	2g

調味料

胡椒粉	1/4大匙
醬油	1大匙
香油	1/2大匙
雞粉	1/4小匙

作法

❶ 將蛋打散，起鍋放油，入蛋，炒香，取出備用。

❷ 再起鍋，入油，炒香蔥段、肉絲、馬蹄絲、紅蘿蔔絲、筍絲、香菇絲，再入蛋和調味料，取出一份置入模型中，蒸20分鐘起模，即成塊狀（圖1）。

❸ 將雞腿洗淨取刀將雞腿骨取出再放入❷的料。

❹ 用錫箔紙將雞腿捲成一捲。、（圖2）（圖3）

❺ 放入蒸籠蒸20分鐘，取出。

❻ 再入油鍋炸酥，取出。

❼ 將排盤，加入盤飾配料（食用花、沾醬、黑豆、蒜絲）即成。

經典 CLASSIC

兄弟龍骨髓

10人份

材料

龍骨髓	600g
海苔片	2張
蛋	2顆
麵粉	少許
麵包粉	少許

調味料

胡椒粉	1大匙
白糖	1茶匙
香油	1大匙
雞粉	1茶匙

作法

❶ 龍骨髓洗淨（圖1），汆燙後，切成10公分長度，拌上調味料，醃15分鐘。

❷ 龍骨髓依序沾麵粉、蛋液（圖2）、麵包粉（圖3）備用。

❸ 海苔切條備用。

❹ 龍骨髓用海苔捲起2條合併包起來（圖4），再沾一點麵粉糊黏住收尾。

❺ 起鍋放入油，將龍骨髓炸酥，排盤即成。

TIPS

・龍骨髓又名龍筋，是抽自豬脊髓。

・這道是作者陳兆麟的父親陳進祥總舖師自創的菜餚。富含寓意：兄弟力量要合一。

糕渣龍骨髓

創意
CREATION

1 人份

材料

	龍骨髓	20g
A	海苔片	1g
	大豆粉	3g
	絞肉	5g
	鴨蛋	1顆
B	太白粉	3g
	玉米粉	1g
	麵粉	1g
	高湯	

調味料

	胡椒粉	1/4小匙
C	白糖	1/2小匙
	香油	1/2小匙
	雞粉	1/4小匙
	柴魚	少許
	高湯	1小匙
D	醬油	1小匙
	白糖	1小匙

作法

❶ 汆燙龍骨髓，切成5公分長，沾太白粉（圖1），拌上C調味料，醃15分鐘。綁上海苔下鍋油炸熟。

❷ 以B材料加入龍骨髓，用果汁機打成糕渣漿料備用。

❸ 油炸糕渣，炸至金黃色，起鍋。（圖2）

❹ 加入D料，加入盤飾（白蘿蔔絲、黃紅甜椒及青椒絲）即成。

TIPS

糕渣又稱高渣，是往昔愛物惜物的廚師發明的炸物，成為宜蘭著名的美食。內容以高湯為主料，拌入絞肉、鴨蛋、高湯、玉米粉、麵粉、太白粉等，打碎成糕泥，作成方塊，下鍋輕炸。入口要小心，軟熱的餡，易燙嘴。

碧玉燒肝

10人份

材料

鹹蛋黃	3顆
半圓豆皮	2張
青江菜	6棵

A	豬肝	150g
	板油	150g
	里肌肉	150g

調味料

白芝麻	4g
醬油膏	1大匙
白糖	2大匙
香油	1大匙
五香粉	1大匙

作法

❶ 麵粉加冷水和成麵糊。

❷ 將A料用調味料醃30分鐘後,全部切5公分長的薄片。(圖1)

❸ 鹹蛋黃壓成圓扁型,每個對切成2份,成月形,備用。半圓豆皮1分為3,切成扇形,備用。(圖2)

❹ 用豆皮將2材料和青江菜及鹹蛋黃捲起來(圖3)用麵糊封口,灑上少許太白粉備用。(圖4)

❺ 起油鍋(約130度),放入豆皮捲,炸至金黃色。

❻ 起鍋,切斜刀,排盤即成。

黃金燒肝

1人份

材料

A	豬肝	10g
	板油	5g
	里肌肉	10g

鹹蛋黃	1粒
飛魚蛋	2g
半圓豆皮	半張
青江菜	1棵

調味料

白芝麻	1/2小匙
醬油膏	1小匙
白糖	1/2小匙
香油	1/2小匙
五香粉	1/4小匙
麵粉	1/2小匙
太白粉	1/4小匙

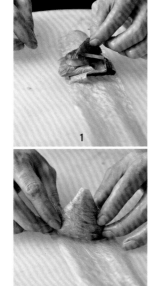

作法

❶ 麵粉加冷水成麵糊。

❷ 將A料用調味料醃30分鐘後全部切2公分長的薄片。

❸ 鹹蛋黃壓成圓扁型1開3成備用,半圓豆皮切3長條(約4*30公分)備用。

❹ 用豆皮將❷材料和青江菜、鹹蛋黃及飛魚蛋捲起來(圖1)(圖2),用麵糊糊口,灑上少許太白粉備用。

❺ 起油鍋(約130度),放入豆皮捲,炸至金黃色,起鍋。

❻ 排盤,加入盤飾(紫洋蔥絲、洋蔥絲、和風梅醬)即成。

10人份

返璞歸真

1

2

3

材料

中排骨	600g
豬肚	300g
黑棗	12顆
龍眼肉	100g
高湯	2公升
麵粉	少許

調味料

紅露酒	500c.c
冰糖	100g
雞粉	1茶匙
鹽	2茶匙

作法

❶中排過水，汆燙至外層熟。放入碗中備用。（圖1）

❷豬肚用麵粉洗淨、汆燙，洗淨黏液，煮熟，切片，再放入碗中，加入黑棗。（圖2）

❸取鍋放入高湯2公升，煮沸，加入調味料，再煮沸。

❹將作法❶❷及❸倒入碗中（圖3），用保鮮膜包緊，再入蒸籠蒸1小時30分鐘。即成。

淮山黑棗肚
創意 CREATION

1 人份

材料

豬小排	5g
豬肚	5g
黑棗	1粒
龍眼肉	1/2g
淮山	2g
水梨	1粒
麵粉	少許

調味料

紅露酒	2小匙
冰糖	2小匙
鹽	1/3小匙
高湯	大匙

作法

❶ 小排去骨溜水，至熟，放入碗中備用。

❷ 豬肚用麵粉洗淨、汆燙，洗淨黏液，煮熟，切片，再放入碗中，加入黑棗。

❸ 取鍋放入高湯，煮沸，加入調味料，再煮，倒入碗中。

❹ 將作法❶❷及❸倒入碗中用保鮮膜包緊，再入蒸籠蒸1小時30分鐘，取出，備用。

❺ 淮山用圓形模具做出圓形，備用。（圖1）

❻ 水梨留蒂，去皮，挖空，梨底部稍切平。（圖2）

❼ 將蒸好的黑棗肚放入梨當中（圖3），再蒸30分鐘即可。

酸筍全鴨

材料

全鴨1隻	900g
酸筍	300g

調味料

醬油	100c.c
醬油膏	50c.c
高湯	1500c.c.
太白粉	1/4茶匙
豬油	100g

10人份

作法

❶將鴨洗淨，去背骨和胸骨，汆燙備用。（去骨方法請參見p.24桂花小封）

❷酸筍過水一天，再汆燙，再過水30分鐘，取出，放入鍋中，加入調味料，燜煮60分。

❸將鴨用油炸酥，放入碗中，再續入做法❷一同入蒸籠蒸2小時。

❹取出，反扣。留汁，汆燙青菜、蔥排盤。

❺將留下的汁加太白粉勾縴，淋上即可。

酸筍鴨腿

創意
CREATION

材料

鴨腿	1支
酸筍	30g
魚肝醬	20g

1 人份

調味料

A
醬油	2大匙
醬油膏	1大匙
高湯	1公升
豬油	2大匙

B
醬油膏	1小匙
胡麻油	1小匙
糖	1小匙

作法

❶ 將鴨腿洗淨,去骨。醃B料10分鐘,用鴨腿包魚肝醬,再以保鮮膜固定蒸好,酥炸、備用。

❷ 酸筍過水一天,汆燙後再過水30分鐘取出,放入鍋中,加入調味料A燜煮一小時。

❸ 作法❶及❷放入碗中入蒸籠蒸1小時。

❹ 將其加上盤飾(蒜絲、紅黃甜椒)排盤,並淋上蒸肉的湯汁即可。

經典 CLASSIC

龍鳳真腿

10人份

材料

絞肉	600g
魚漿	400g
蔥綠	5支
高麗菜	600g
紅蘿蔔末	100g
乾蝦仁（洗淨）	20g
蔥白	5支
網油	2張

調味料

胡椒	3大匙
白糖	3大匙
香油	3大匙
鹽	少許

作法

❶ 將蔥白及乾蝦仁炒香，待涼備用。

❷ 高麗菜切0.6公分細丁，灑上鹽巴少許，搓揉後，瀝乾。

❸ 再放入絞肉、魚漿、蔥綠、紅蘿蔔拌勻，用網油包入材料（圖1）如雞腿狀，竹筷也包緊。

❹ 放入蒸籠，蒸30分鐘，取出油炸，排盤。

TIPS

網油是豬的網狀油脂，宜於用來包捲食材。

1

龍鳳腿芋頭米糕

1

2

3

1 人份

材料

絞肉	100g
魚漿	50g
蔥綠	30g
高麗菜	100g
紅蘿蔔末	30g
蝦米	30g
蔥白	60g
網油	100g
芋頭	100g
乾香菇	30g
紅蔥頭	60g
白蔥	60g
蝦米	30g

調味料

A	胡椒	1/2小匙
	雞粉	1/4小匙
	白糖	1大匙
	香油	1大匙
B	香油	1大匙
	米酒	1大匙
	白糖	1大匙
	清醬油	1/2大匙
	醬油	1/2大匙

TIPS

米糕的材料改採用芋頭絲代替米,口感特別,
層次豐富。

作法

❶ 將蔥白及乾蝦仁炒香待涼備用。

❷ 高麗菜切0.6公分細丁,灑上鹽巴少許,揉後瀝乾,放入絞肉、魚漿、蔥綠、紅蘿蔔,拌勻後即為內餡料。

❸ 取部分芋頭切成筷子狀備用。

❹ 取網油,夾入筷子狀芋頭和內餡料,包捲好後先蒸熟再入油鍋炸酥備用。(圖1)

❺ 部分芋頭刨粗絲後加入糖和地瓜粉拌均勻置入方形容器中備用。(圖2)

❻ 紅蔥頭切片後炸酥,香菇切絲油炸備用。

❼ 爆香蔥白和蝦米後,加入調味料B拌炒均勻,鋪在芋頭絲上(圖3),以大火蒸30分中取出備用。

❽ 將其加上盤飾(南瓜、紅蘿蔔球、蒜苗絲、蝦夷蔥)排盤即可。

鐵排鴨肉

經典
CLASSIC

材料

| 鴨胸 | 2塊 |
| 太白粉 | 少許 |

滷料

白蒜	2支
蒜頭	10顆
蕃茄汁	3大匙
醬油	300g
醬油膏	100g
高湯	500g
辣椒	2條

10人份

作法

❶洗淨鴨胸,放入滷料中,滷1小時。

❷取出鴨胸,均勻沾太白粉,入油中炸酥,取出,切塊、排盤即可。

芋頭鴨方

創意
CREATION

2 人份

材料

鴨胸	2塊
芋頭	1顆
蔥白	10g
太白粉	100g

調味料

A

蒜苗	2支
蒜頭	10顆
蕃茄汁	3大匙
醬油	300g
醬油膏	100g
高湯	500c.c.
辣椒	2條

B

冰糖	100g
高湯	200g

C

味霖	30g
米酒	30g
壺底油	30g
高湯	100g
蔥油	10g

作法

❶ 洗淨鴨胸備用。

❷ 調味料A混合煮滾後，放入鴨胸，以小火滷1小時後，取出備用。

❸ 將鴨胸沾太白粉，入油中炸酥。

❹ 芋頭去皮，厚切滾刀塊，蒸20分鐘備用。

❺ 蔥白炒香，放入調味料B加入已蒸熟的芋頭，以小火燜煮2分鐘後取出備用。

❻ 取燜煮過的芋頭沾上太白粉，入油鍋炸酥後備用。

❼ 將其擺盤和淋上調味料C醬汁，再以盤飾點綴即成。

CLASSIC

CREATION

魚鮮

同心燒鰻

10人份

材料

三層肉	1斤
鰻魚	1斤半

A
紅蘿蔔	100g
芋頭	200g
蔥段	3支
鮮黑木耳	1朵
香菇切絲	2朵
薑切細條狀	10g

調味料

醬油	2大匙
醬油膏	1大匙
冰糖	2大匙
薑末	50g
蔥花	3支
蒜頭末	50g
蕃茄醬	2大匙
米酒	100c.c

TIPS

鰻魚必須炸得酥透，才容易去骨。

作法

❶ 將鰻魚洗淨，用熱水汆燙（以3公升水煮沸，加水1公升，才可放入鰻魚，取出黏液），切段約10公分長（圖1）。

❷ 取鍋放油燒至160度，將鰻魚段放入，炸酥，以尖尾刀或筷子尾戳入，去骨備用（圖2）。

❸ 將A料分別切段，長度10公分，汆燙，再塞入去骨鰻魚中（圖3）。

❹ 三層肉也切條油炸，再入碗中拌勻調味料，將其放在鰻魚上（圖4）。

❺ 放入蒸籠，蒸40分鐘，取出反扣盤中，將醬汁放入鍋中勾縴，淋上即可。

創意 CREATION

同心鰻

1 人份

材料

白鰻魚	1塊
山藥	10g

A	紅蘿蔔	5g
	竹筍	5g
	蔥段	5g

B	栗子丁	5g
	香菇丁	2g
	芋頭丁	5g
	紅蘿蔔丁	2g
	蒜片	1g
	花枝漿	5g
	乾蝦仁	1g

調味料

醬油	1小匙
醬油膏	1小匙
冰糖	1小匙
薑末	少許
蔥花	少許
蒜頭末	少許
蕃茄醬	1/2小匙
米酒	1/2小匙

作法

❶ 將鰻魚洗淨,用熱水汆燙。

❷ 取鍋放油加熱至160度,將鰻魚段炸酥,去骨備用。

❸ 將A料切段10公分長,汆燙,再塞入去骨鰻魚中(圖1)。

❹ 將山藥切成長四方2片夾入材料B的餡料(圖2),蒸20分鐘。

❻ 取出加入盤飾,排盤即可。

1

2

經典
CLASSIC

酥炸春捲

10人份

材料

絞肉	300g
金鉤蝦	20g
韭菜	300g
蔥	5支
春捲皮	12張
地瓜粉	2大匙

調味料

白糖	2大匙
胡椒	2大匙
香油	少許

作法

❶ 將金鉤蝦用水洗淨,再汆燙備用。

❷ 蔥分切蔥白、蔥綠,蔥白和金鉤蝦用豬油炒(圖1),瀝乾備用。

❸ 韭菜洗淨,放乾,切細丁。

❹ 絞肉(圖2)作法❷及❸炒香、蔥綠及調味料拌勻(圖3)。

❺ 以用春捲皮捲緊(圖4)(圖5)備用。

❻ 取油鍋(約160度),再入春捲炸熟。

❼ 春捲斜切,排盤。

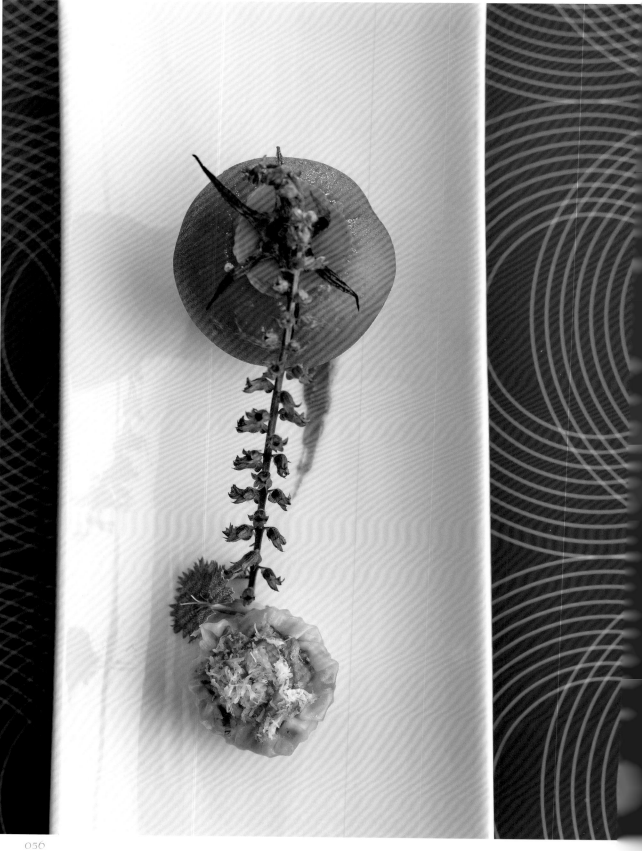

蕃茄韭菜蟳肉

創意
CREATION

1 人份

材料

絞肉	10g
金鉤蝦	2g
韭菜	10g
蔥	2g
大黃皮	1張
地瓜粉	少許
花枝漿	5g
花蟳肉	5g
蕃茄	1粒
蛋	1粒
蟳肉	5g

調味料

A	糖	1小匙
	胡椒	1/2小匙
	香油	1/2小匙
B	糖	1小匙
	蕃茄醬	1小匙

■ 海鮮餅作法

❶ 將金鉤蝦用水洗淨再汆燙備用。

❷ 蔥分切蔥白、蔥綠,蔥白和金鉤蝦用豬油炒香,濾乾備用。

❸ 韭菜洗淨放乾切細丁。

❹ 將絞肉放入韭菜、蔥綠、金鉤蝦及調味料A拌勻備用。

❺ 取大黃皮,包入花蟹肉(圖1)(圖2),先蒸10分鐘,再煎3分鐘。

■ 蕃茄球作法

❻ 蕃茄燙水去皮挖空(圖3),挖出的蕃茄肉去炒蛋,加入蟳肉及調味料B,填回蕃茄中(圖4),蒸5分鐘,取出。將其加入盤飾(水果醬、紫蘇花穗)排盤即可。

1

2

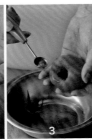
3

4

扁魚白菜

1

2

3

4

12人份

材料

大白菜	600g
三層肉	200g
蔥段	2支
扁魚	10g
高湯	500g

調味料

A	醬油	1大匙
	糖	2茶匙
	地瓜粉	300g

B	醬油	2大匙
	胡椒	1大匙

作法

❶將大白菜洗淨，對切開，瀝乾水分，入鍋以大火油炸（200度），起鍋備用。

❷三層肉切條（圖1），醃醬油及糖20分鐘，再拌勻地瓜粉，入油鍋炸酥（圖2）（圖3），取出備用。

❸扁魚以油炸香後，剁細備用。（圖4）

❹起油鍋，入蔥段炒香，續入作法❶❷❸調味料B及高湯，慢煮10分鐘，起鍋排盤，將湯汁勾縴，淋上即可。

魚翅丸扁魚白菜

創意
CREATION

1 人份

材料

大白菜	50g
三層肉	10g
蔥段	5g
花枝漿	10g
小散翅	10g
扁魚	5g
高湯	500g

調味料

A	醬油	1小匙
	糖	1/2小匙
	地瓜粉	2小匙
B	醬油	1小匙
	胡椒	1/2小匙

TIPS
散翅富含膠原蛋白,營養價值高,
價位卻相對廉宜,適合入菜。

作法

❶將大白菜洗淨對切開來,放入油鍋,以大火油炸(200度),起鍋備用。

❷三層肉切條,醃醬油及糖20分鐘,再拌勻地瓜粉,入油鍋炸酥,取出備用。

❸扁魚用油炸香後,切末備用。

❹小散翅醃B料(圖1),拌花枝漿,捏製花枝丸(圖2)。

❺以花枝丸均勻沾小散翅。(圖3)

❻起油鍋,入蔥段炒香,續入作法❶❷❸調味料B及高湯,慢煮10分鐘,起鍋排盤(圖4),湯汁勾縛,淋上。加上盤飾(秋葵、青蔥絲、麵網)即可。

1

2

3

4

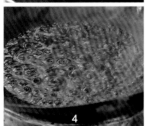

五柳枝

12人份

材料

馬頭魚	800g

A	辣椒	1條
	黑木耳	50g
	竹筍	50g
	青椒	半顆
	紅蘿蔔	50g

調味料

黑醋	150c.c
白糖	150c.c
白醋	150c.c

作法

❶將A料切絲備用。

❷馬頭魚洗淨,側向割刀。
(圖1)(圖2)

❸放入油鍋(180度),油炸至酥,備用。(圖3)

❹將A料炒香再入調味料,煮至收汁(圖4)。

❺將魚擺入盤中,淋上五彩絲與蔥花即可。

y

創意
CREATION

鯖魚五柳枝

1 人份

材料

鯖魚	一尾
鹽	30g

A	辣椒	2g
	黑木耳	2g
	竹筍	2g
	青椒	2g
	紅蘿蔔	2g

調味料

鳳梨糖醋醬
蕃茄糖醋醬

1

2

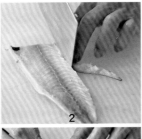

3

4

作法

❶將A料切絲備用。

❷鯖魚洗淨,取薄片(圖1)修邊(圖2)

❸將作法❶捲入魚片中(圖3),蒸熟備用。

❹將作法❸以噴槍火烤(圖4),或可放入小烤箱中,烤10分鐘。

❺鯖魚捲排盤,淋上醬汁(調味料都以1:1比例調製)加入盤飾(鳳梨、蒜絲、麵網)即成。

正點臺菜
新料理
!

菊花中捲

6人份

材料

中捲2尾	500g
蝦仁	300g
花枝漿	200g
鹹蛋黃	3顆
馬蹄末	50g
蛋白	2個

調味料

A	胡椒	1大匙
	香油	1大匙
	白糖	半匙
B	太白粉	2大匙

作法

❶ 洗淨中捲切段以剪刀剪成菊花型（圖1），汆燙備用。

❷ 蝦仁、花枝漿和調味料A拍打成漿備用（圖2）。

❸ 取中捲抹太白粉入作法❷做成菊花（圖3）。

❹ 鹹蛋黃對切為2份，做成圓形，輕炸一下，放入中捲上，作成花蕊（圖4）。

❺ 放入蒸籠，蒸15分鐘，取出排盤即可。

TIPS

菊花中捲常被當作副菜，宛如副歌的旋律，好聽好唱，以此作為主菜，人人都能上口。

米糕菊花中捲

創意
CREATION

1 人份

材料

A
中捲	30g
蝦仁	10g
花枝漿	10g
鹹蛋黃	1粒
馬蹄末	5g

B
火腿	5g
紅蘿蔔	2g
金鉤蝦	2g
香菇	2g
蛋酥	5g

C
糯米	10g

調味料

D
胡椒	1/4小匙
香油	1/2小匙
白糖	1/2小匙
蛋白	1/4小匙

E
清醬油	1小匙
醬油	1小匙
雞粉	2小匙
糖	1/2小匙
油蔥	1/4小匙
五香粉	1/4小匙
高湯	1小匙
胡椒	1/4小匙
太白粉	1/4小匙

作法

❶ 洗淨中捲，切段，以剪刀剪成菊花型，汆燙備用。

❷ 蝦仁、花枝漿和調味料D拍打成漿備用。（圖1）

❸ 取中捲，抹太白粉，入做法❷，做成菊花。

❹ 鹹蛋黃對切為2份，捏成圓形，輕炸，放入中捲上，成花芯，入蒸籠蒸15分鐘備用。

❺ 將糯米泡水隔夜瀝水蒸40分鐘備用。

❻ 炒香材料B續入調味料E，再入蒸好的米飯（圖2）。

❼ 均勻拌炒（圖3）將米糕用四方模具加入定型,取出（圖4）煎好備用。

❽ 將中捲及米糕加入盤飾（洋芹、紅蘿蔔球、甜辣醬）排盤即可。

1

2

3

4

經典
CLASSIC

玉品海參

6 人份

材料

新鮮海參	400g
香菜	少許
蛋絲	少許

A
豬絞肉	300g
魚漿	100g
蔥白	2支
蔥綠	2支
馬蹄切末	20 g

調味料

白糖	1大匙
胡椒	1大匙
雞粉	1茶匙
香油	1/2茶匙

B
醬油	300 c.c
蕃茄醬	50 c.c
醬油膏	100 c.c
高湯	500 c.c
蒜白	2支
辣椒	1條

作法

❶ 將海參洗淨瀝乾，灑上太白粉備用。（圖1）

❷ 將A料與調味料拌勻，填入海參內備用。（圖2）

❸ 起油鍋（約160度），將作法❷過油備用。（圖3）

❹ 將調味料B放入鍋中以中火滷出味來，放入作法❸，滷30分鐘，熄火燜放30分鐘。

❺ 取出海參，放入盤中，加入香菜、蛋絲即可。

TIPS

• 海參購買新鮮海參，體型宜大，可填入較多餡料，型態飽滿。

• 海參富含膠原蛋白，是不分年齡都能享用的好食材。

正點臺菜
新料理
!

海膽玉品參

1 人份

1

2

3

4

材料

	海參	1隻
A	豬絞肉	10g
	魚漿	10g
	蔥白	2g
	馬蹄末	4g
B	海膽	1顆

調味料

C	白糖	1/2小匙
	胡椒	1/4小匙
	雞粉	1/4小匙
	香油	1/2小匙
D	味霖	1小匙
	蛋黃	1顆
	麵粉	少許
	柴魚花	少許
E	醬油	1/2小匙
	蕃茄醬	1/2小匙
	醬油膏	1小匙
	高湯	1小匙
	白蒜	1/2小匙
	辣椒	1/2小匙
	蒜頭	1/2小匙

作法

❶ 洗淨海參，灑上太白粉備用。

❷ 將A料與調味料C拌勻，填入海參內備用。（圖1）

❸ 起油鍋（約160度），海參過油取出，加入調味料E，滷30分鐘。

❹ 海膽加味霖（圖2），約10分鐘入味，沾麵粉（圖3），沾蛋黃，沾柴魚花（圖4），炸酥備用。

❺ 將其排盤，加入盤飾Q麵、青菜即成。

經典
CLASSIC

走油花枝

材料

花枝	600g
麵粉	2大匙

A	酥炸粉	3大匙
	水	1大匙

10人份

調味料

薑末	100g
香油	2大匙
胡椒	2大匙
白糖	2大匙
蔥末	50g

作法

❶ 將花枝洗淨，切成條型，以調味料醃30分鐘，灑上麵粉備用。

❷ 拌勻A料。

❸ 將作法❶沾上做法❷（酥炸粉與水比例為3:1）

❹ 入油鍋，酥炸，起鍋即成。

三杯蝦拼走油花枝

創意
CREATION

1 人份

材料

花枝	100g	
草蝦	1尾	
地瓜	20g	
薑	10g	
蒜仁	5顆	
九層塔	少許	
A	乾香菇	5g
	栗子	5g
	花枝漿	10g
	紅蘿蔔	10g
	蔥	5g
	蝦米	5g
B	酥炸粉	1小匙
	水	3小匙

調味料

C	薑末	5g
	香油	1/4小匙
	胡椒	少許
	白糖	1/4小匙
	蔥末	5g
D	雞粉	1/4小匙
	胡椒粉	少許
	白糖	1/4小匙
	香油	1/2小匙
E	醬油膏	1/2小匙
	糖	1/4小匙
	豆瓣醬	1/4小匙
	米酒	1小匙

作法

❶ 將花枝洗淨，切條型，放入調味料C中，醃30分鐘，灑上麵粉。

❷ 拌勻B料。

❸ 將作法❶沾上作法❷，再沾上B料。

❹ 起油鍋將作法❸炸至酥，起鍋。

❺ 地瓜去皮，切圓形小厚片。灑上麵粉備用。

❻ 將A料的蔥及乾蝦仁炒香，加入調味料D，拌勻成餡料，夾入2片地瓜中，蒸20分鐘。

❼ 草蝦去殼，洗淨，沾太白粉，油炸。

❽ 取鍋炒薑及蒜頭，入草蝦及調味料E，最後加入九層塔炒香。

❾ 將步驟❹、❻、❽的成品放入盤中，加入盤飾排盤即成。

干貝絲球

6人份

材料

乾干貝	150g
絞肉	半斤
魚漿	4兩
蔥綠	2支
蔥白	2支
香菇末	50g
紅蘿蔔末	10g

調味料

胡椒	1大匙
香油	2大匙
白糖	半大匙

作法

❶ 乾干貝洗淨，泡熱水，瀝乾（圖1），放入蒸籠蒸20分鐘，取出，搗碎成絲，拌香油備用。

❷ 取鍋放油2大匙炒香蔥白、香菇末，待涼放入絞肉、魚漿、蔥綠、紅蘿蔔及調味料拌勻。（圖2）

❸ 取小杯子，內側抹上香油，放入干貝絲及作法❷之料（圖3），再入蒸籠蒸熟，取出排盤即可。

養生干貝球

1 人份

材料

A	乾干貝	3顆
	魚漿	30g
	蔥白	10g
	香菇末	10g
	紅蘿蔔末	10g
	蔥綠絲	5g

B	山藥	100g
	南瓜	30g
	蛋白	30g
	奶水	30g

調味料

C	胡椒	1/4小匙
	香油	1/4小匙
	白糖	1/4小匙

| D | 雞粉 | 1/4小匙 |
| | 味霖 | 1/2小匙 |

作法

❶乾干貝洗淨，泡熱水，放入蒸籠蒸20分鐘，取出，搗碎成絲拌香油備用。

❷取鍋放油2大匙，炒香蔥白、香菇末，待涼後，放入材料A和調味料C，拌勻備用。

❸用圓模型放入作法❷材料及干貝，蒸熟備用。

❹山藥切四方塊，中心挖空備用。（圖1）

❺南瓜切小丁燙熟打成泥狀，加入奶水和蛋白及調味D（圖2），填入山藥中（圖3），蒸20分鐘，取出。

❻將其加上盤飾（蟹黃醬、蜜紅蘿蔔球、蔥綠絲、紫蘇花穗）排盤即成。

正點臺菜
新料理
!

079

1

蓮花鮑魚

経典
CLASSIC

10 人份

材料

鮑魚	2顆
白蘿蔔	600g
紅蘿蔔	100g
青江菜	10棵
香菇（泡好）	1朵
高湯	200g

調味料

胡椒	1大匙
香油	2大匙
白糖	半大匙

2

3

作法

❶ 鮑魚切片，取蒸碗備用。
（圖1）

❷ 紅蘿蔔切片，汆燙備用。
白蘿蔔、紅蘿蔔切菱塊，汆
燙備用。

❸ 將蒸碗抹上香油，香菇擺
中央，續擺上1片鮑魚、1
片紅蘿蔔片（圖2），排滿蒸
碗。再加入白蘿蔔、紅蘿蔔
（圖3）和調味料拌勻，放入
蒸碗中，入蒸籠蒸30分鐘，
取出。

❹ 將作法❸反扣盤中，以汆
燙後的青江菜搭配排盤，將
湯汁加入高湯，勾縴後淋上
即成。

TIPS

搭配干貝球擺盤，非常適合。

白玉鮑魚

1 人份

材料

鮑魚	1顆
白蘿蔔	200g
紅蘿蔔	200g
冬瓜	100g
醃漬冬瓜	60g
豆苗	200g
百合	50g

調味料

A	醬油	1大匙
	雞粉	1小匙
	高湯	200g
	蔥油	1大匙
B	味霖	1大匙
	高湯	200g
	醬油	1大匙
	太白粉水	適量
C	雞粉	1/2小匙

1

2

3

作法

❶ 將紅、白蘿蔔以圓模型壓成型，加入調味料A後，蒸20分鐘。

❷ 冬瓜、醃漬冬瓜（即鹹冬瓜）打成泥（圖1），取一部分鋪上鮑魚表面（圖2），蒸6分鐘熟備用。

❸ 入調味料B加入另一部分醃漬冬瓜，煮滾後為醬汁。

❹ 將豆苗、百合和調味料C炒熟備用。（圖3）

❺ 將其加上盤飾（檸檬碎和辣椒絲）擺盤即成。

金錢蝦餅

1

2

3

10 人份

材料

板油	600g
絞肉	300g
蝦仁	200g
香菇末	20g
蔥末	20g
紅蘿蔔末	10g
太白粉	少許

調味料

A	麵粉	300g
	蛋液	5顆
	麵包粉	600g
B	胡椒	2大匙
	白糖	2大匙
	雞粉	1/2茶匙
	香油	2大匙

作法

❶板油用刀修成3公分圓形，橫畫一小刀，抹上太白粉備用。（圖1）

❷絞肉、香菇末、蔥末、蝦仁、紅蘿蔔末及調味料B拌勻再剁細備用。（圖2）

❸取作法❶填入作法❷。（圖3）沾麵粉、蛋液、麵包粉，入油鍋，以慢火炸熟至即可。

TIPS

板油是豬的厚實板狀脂肪塊，常用於製作料理，口感濃郁。

正點臺菜
新料理
！

WORKINGHOUSE

奇醬金錢蝦餅

1 人份

材料

板油	50g
絞肉	20g
蝦仁	10g
香菇末	10g
紅蘿蔔末	10g
酸豆	30g
竹炭麵	100g
麵粉	20g
麵包粉	20g
蛋黃液	20g

調味料

A	胡椒	1/4小匙
	白糖	1/2小匙
	雞粉	1/4小匙
	香油	1/4小匙
B	鹹魚	5g
	蝦米	5g
	紅蔥頭	20g
	蔥末	10g
	蒜末	10g
	魚露	1/2小匙
	糖	1小匙

1

2

作法

❶ 板油用刀修成3公分圓形，橫畫一小刀，抹上太白粉備用。

❷ 絞肉、香菇末、蔥末、蝦仁、紅蘿蔔末及調味料A拌勻再剁細備用。

❸ 取圓豬油填入作法❷之餡料，再沾麵粉、蛋液、麵包粉，放入油鍋，慢火炸熟。

❹ 竹炭麵燙熟後，以模型（或套疊於二個茶杯中）塑型後，蒸5分鐘，取出備用。（圖1）

❺ 起鍋，入酸豆及調味料B炒香。（圖2）

❻ 將其排盤（飾以紫羅勒苗）即可。

CLASSIC

CREATION

PART 3

湯品 & 甜點

西滷肉湯

1

2

3

4

10 人份

材料

瘦肉絲	600g
醬油	3大匙
香菇絲(泡好)	40g
紅蘿蔔絲	20g
馬蹄絲	20g
大白菜絲	600g
蔥段	4支(分2份)
扁魚末	10g
高湯	150C.C

調味料

麵粉	300g
胡椒粉	1大匙
香油	2大匙
豬油	3大匙

A	鴨蛋	2個
	雞蛋	1個

作法

❶ **製作蛋鬆：**將A料打勻，取鍋放入沙拉油3公升，開火將油加溫至120度，一手拿濾網，另一手倒下蛋液（圖1）（圖2），透過濾網至鍋中，炸成蛋鬆，至金黃色，起鍋，瀝去多餘油質。

❷ 起鍋放入豬油、蔥段2支炒香，再放入扁魚末、大白菜、高湯（圖3），炒至爛，起鍋備用。

❸ 再取鍋放入油2大匙，入蔥段2支、瘦肉絲炒香（圖4），才可入香菇絲、紅蘿蔔絲、馬蹄炒勻，再放入作法❶及❷，煮沸即可。

TIPS

西滷肉通常寫作西魯肉湯，實際上，是以水滷的方式烹製這道肉絲湯。西字是絲字閩南語音轉記而成的。

冬瓜西滷肉球

創意
CREATION

1 人份

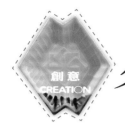

1

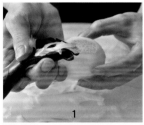

2

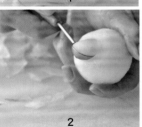

3

4

材料

	冬瓜	100g
	青花菜	20g
	辣椒絲	少許
	香菜	少許
A	絞肉	20g
	香菇	5g
	紅蘿蔔	5g
	馬蹄	5g
	蔥白	5g
B	蛋白	10g
	鮮奶	10g

調味料

C	醬油	1小匙
	胡椒粉	少許
	香油	1/2小匙
	蛋酥	5g
D	醬油	1小匙
	味霖	1/2小匙
	紅蘿蔔油	1小匙
	雞粉	1/4小匙
	高湯	1大匙

作法

❶ 板使用刨皮刀將冬瓜塊削城球型。（圖1）

❷ 以挖球器挖空冬瓜（圖2），入調味料C蒸20分鐘。

❸ 炒香材料A，加入調味料D填入作法❷的冬瓜球中（圖3），蒸10分鐘

❹ 將青花菜燙熟，置入盤中，倒入材料B，加味霖、雞粉調味（圖4），入蒸籠蒸10分鐘備用。

❺ 搭配辣椒絲及香菜排盤即成。

TIPS

此菜餚為西滷肉湯老菜新做，故放於此。

正點臺菜
新料理
!

排骨酥湯

材料

	小排骨	600g
	香菜	100g
	芹菜末	50g
	太白粉	1茶匙
	地瓜粉	1茶匙
	雞蛋	2顆

10人份

A	高湯	300g
	雞粉	1大匙
	瓜仔罐頭瓜	2小塊
	酒	2公升

調味料

B	醬油	3大匙
	醬油膏	1大匙
	白糖	2大匙
	蕃茄醬	2大匙
	五香粉	1大匙
	肉桂粉	1茶匙
C	香油	少許

作法

❶ 小排骨剁塊,醃調味料B 2小時,再加入雞蛋、太白粉拌勻後,沾上地瓜粉,入油鍋炸酥即可。

❷ 加熱材料A,放入排骨酥,煮沸,放入香菜、香油即成。

094

珍味排骨酥湯

創意
CREATION

1 人份

材料

小排骨	50g
芹菜末	5g
太白粉	5g
地瓜粉	5g
白蘿蔔	10g
香菜	5g
雞蛋	半顆

調味料

A
醬油	1小匙
醬油膏	1/2小匙
白糖	1/2小匙
蕃茄醬	1/2小匙
五香粉	1/4小匙
肉桂粉	1/小匙
雞粉	1/4小匙

B
高湯	三大匙
瓜仔罐頭瓜	2小塊
雞粉	1/4大匙
米酒	2大匙

作法

❶小排骨去骨剁塊，拌入調味料A，醃2小時後，加入雞蛋和太白粉拌勻，沾上地瓜粉，入油鍋炸酥備用。

❷白蘿蔔切厚塊，燙熟備用。

❸取調味料B，煮開後為湯底。

❹取湯盅，放入白蘿蔔塊、排骨酥和湯底，以大火蒸30分鐘後取出，放上芹菜末和香菜。

八寶芋泥

1

2

3

10 人份

材料

芋頭	600g
蔥	3支
豬油	100g

八寶料

金棗	1顆
綠豆仁	20顆
紅豆	15顆
蓮子	12顆
福圓肉	20片

調味料

白糖	150g
豬油	4大匙
鴨蛋	3顆

作法

❶將芋頭去皮，切片，入蒸籠蒸30分鐘，取出，搗碎備用。

❷蔥和豬油炒香，將白糖和鴨蛋，加入芋泥，用力拌勻，並放入蒸碗中。

❸將八寶料排至碗面備用。（圖1）（圖2）（圖3）

❹入蒸籠蒸40分鐘，取出即成，不須倒扣。

TIPS

八寶料也可以預先排好在蒸碗中，把芋泥填上去蒸透，取出之後，倒扣即成。

小品芋泥

1

1 人份

材料

芋頭	60g
蔥	30g
豬油	30g

八寶料

金棗	1顆
蜜綠豆仁	20g
蜜紅豆	20g
蜜蓮子	20g
福圓肉	10g

調味料

白糖	10g
豬油	20g
鴨蛋	半顆

作法

❶將芋頭去皮切片，放入蒸籠，蒸30分鐘，取出，搗碎成泥，備用。

❷將蔥和豬油炒香，再放入白糖和鴨蛋，加入芋泥，用力拌勻，並放入碗中。

❸在碗口排好八寶料，壓實，放入蒸籠，蒸30分鐘即成。（圖1）

蘭陽棗餅

10 人份

材料

金棗	100g
桔餅	300g
甜冬瓜	50g
奶水	50c.c
麵粉	300g
白芝麻	10g
鴨蛋	3顆
半圓豆皮	2張

調味料

蔥	2支
板油	300g
豬油	1大匙

作法

❶熱鍋，以豬油炒香蔥。

❷將金棗、桔餅、甜冬瓜全部切丁，放入大盤中備用。（圖1）（圖2）

❸將以上步驟❶與❷加入奶水、麵糊、芝麻、鴨蛋，拌勻成餡料。

❹餡料均勻擺至半圓豆皮上（圖3），拍平，再對折，用牙籤戳6個洞後，入蒸籠，蒸25分鐘。

❺取出切塊，入油鍋(約100度)，炸至變色即可。

TIPS

◆ 金棗與桔餅均是蘭陽特產，此道菜酸甜中有鴨蛋的鹹味，層次豐富。

◆ 測量是否已熟透的方法是：取一支筷子戳入餅中，若沾筷則未好。

玉米棗餅

1 人份

材料

金棗	20g
桔餅	50g
甜冬瓜	5g
奶水	5g
麵粉	30g
芝麻	1/4小匙
鴨蛋	半顆
玉米	20g
蔥	30g
豬油	30g

作法

❶ 將玉米切段，包好保鮮膜，並用刀尖環刺一圈，將中心掏空備用。（圖1）

❷ 熱鍋以豬油炒香蔥。

❸ 將金棗、桔餅、甜冬瓜全部切丁，拌成餡料，放入玉米的空心中。（圖2）

❹ 玉米蒸15分鐘，取出，加入盤飾（薄荷葉），排盤即成。

1

2

魔法廚房系列 M051

作者／陳兆麟、邱清澤

新料理

正點臺菜

責任編輯／黃秀慧

攝　　影／周禎和
步驟攝影／趙振東
美術設計／陳廣萍

出　　版／二魚文化事業有限公司
　　　　　106臺北市大安區和平東路一段121號3樓之2
　　　　　網址 www.2-fishes.com
　　　　　電話 (02) 23515288
　　　　　傳真 (02) 23518061
　　　　　郵政劃撥帳號　19625599
　　　　　劃撥戶名　二魚文化事業有限公司

法律顧問／林鈺雄律師事務所
總 經 銷／大和書報圖書股份有限公司
　　　　　電話 (02) 89902588
　　　　　傳真 (02) 22901658
製版印刷／

初版一刷／二〇一三年二月
定　　價／340元

ＩＳＢＮ／978-986-6490-90-3

國家圖書館出版品預行編目(CIP)資料

正點臺菜新料理 / 陳兆麟, 邱清澤 作. --
初版. --臺北市：二魚文化, 2013.02
104面；18.5*24.5公分. --（魔法廚房；
M051）
ISBN 978-986-6490-90-3（平裝）
1.食譜　2.臺灣
427.133　　　　　　　　　102000765